写给孩子的

自然灾害科普书

地质灾害

刘兴诗◎著

黑龙江少年儿童出版社

图书在版编目（ＣＩＰ）数据

地质灾害 / 刘兴诗著. -- 哈尔滨 ： 黑龙江少年儿童出版社，2023.10

（写给孩子的自然灾害科普书）

ISBN 978-7-5319-8430-6

Ⅰ．①地… Ⅱ．①刘… Ⅲ．①地质灾害－儿童读物 Ⅳ．①P694-49

中国国家版本馆CIP数据核字（2023）第224424号

写给孩子的自然灾害科普书

地质灾害 DIZHI ZAIHAI

刘兴诗◎著

出 版 人：张　磊

项目统筹：华　汉

项目策划：张　磊　顾吉霞

责任编辑：张靖雯　何　萌

责任印制：李　妍　王　刚

封面设计：周　飞

插　　画：不倒翁文化

内文制作：文思天纵

出版发行：黑龙江少年儿童出版社

　　　　　（黑龙江省哈尔滨市南岗区宣庆小区8号楼 邮编：150090）

网　　址：www.lsbook.com.cn

经　　销：全国新华书店

印　　装：哈尔滨午阳印刷有限公司

开　　本：787 mm×1092 mm　1/16

印　　张：8

字　　数：70千

书　　号：ISBN 978-7-5319-8430-6

版　　次：2023年10月第1版

印　　次：2023年10月第1次印刷

定　　价：29.80元

一位老探险者的话

我从小就梦想探险生活，长大后终于如愿以偿。

作为一名地质工作者，半个多世纪以来，我的脚步遍及高山、雪岭、高原、平原、峡谷、急流、冰川、湖泊、沼泽、沙漠、戈壁、洞穴、海洋等各种各样的自然环境。我将野外探险、课堂宣讲和书斋命笔紧密地融合在一起，它们都是我生活中不可缺少的一部分。

我曾骑着自行车走遍华北平原的每个角落，除了调查土壤分布，还探寻了神秘的禹河和不同时期的黄河故道。

我曾指挥一支海军陆战队式的考察队，叩问长江三峡每道陡峭的崖壁，登临每座巍峨的山峰。

我曾面对可怕的沙漠黑风暴。

我曾在北冰洋和北极熊狭路相逢。

我曾乘着小艇闯进庞大的鲸群。

我曾在茫茫的大海上突遇船舱失火，也曾在高原雪地里翻过车。

我完成了近千份洞穴考察记录，为此，我曾在地下深处几度遇险。

我还在地震震情会后，立即赶赴48小时后即将发生中强度地震的震中，感受大地的颤抖……

面对伟大的大自然，我深深地感受到人类的渺小——人，是脆弱的。

亲爱的小读者，你也向往走进大自然吗？但愿这本书在你面对各种自然灾难时能有所帮助。

最后需要提醒你的是，面对险情不需要教条，需要的是勇气、镇静和清醒的科学头脑，善于临机应变，才是最好的办法。

目 录

鳌鱼翻身的神话

看似平静的大地，有时候也会动一下子。

大地一动，可不得了哇！那就是地震啦。

为什么大地会动？从前，有一位古印度的智者告诉人们，大地由几头大象驮着，大象又站在一只巨大无比的乌龟背上，且巨龟身下还有一条巨蟒。如果它们动一下的话，大地也就跟着发生震动了。

看一看印度的地理位置，了解一下那里的自然环境，就明白这个神话产生的原因了。

印度三面临海，北面靠着高高的山脉，经常发生地震。那里的人们认为陆地上力气最大的是大象，龟浮游于广阔的海洋之中，只有它们才能驮起沉重

1

的大地。

不消说，即使它们的力气再大，驮得时间长了，也会累，要动一下，所以大地震动也是难免的。

其实不仅是印度，世界上许多地区都有类似的传说。在我国，古人认为大地是由一条鳌鱼驮着的，如

果鳌鱼翻身，大地就会震动。

四川广汉三星堆博物馆里，收藏的一件文物也有异曲同工之妙。值得注意的是，这件文物中代表大地的部分放在最下层的两只怪兽身上，给人以地面很不稳固的感觉。这是因为古蜀先民生活在龙门山断裂带附近，这里是有名的强烈地震带。经常发生的地震给他们留下了深刻的印象，他们无法解释地震的缘由，才想象出这种地壳结构。

当然，这些都是神话传说，没有科学依据。不过，由此也可以看出，很早以前人们就发现大地会震动了。在他们的脑海里，大地并不那么"老实"。

什么是地震

什么是地震？这个问题很简单，地震就是地壳震动，通常由地球内部的变动引起，包括火山地震、陷落地震和构造地震等。

古人说得没错，大地并不是老老实实、一动也不动的。大地震动造成的破坏，就是地震灾害。

与火山爆发一样，地震往往突如其来，且来势凶猛，发生的频率更高，易产生严重的次生灾害，对社会影响巨大。

关于地震，较为准确的概念应该是：地球内部缓慢积累的能量突然释放所引起的地球表层的震动。当地球内部在运动中积累的能量对地壳产生的巨大压力超过岩层所能承受的限度时，岩层便会发生断裂或错位，使积累的能量瞬间释放出来，并以地震波的形式向四面八方传播。通常，强震过后往往伴随着余震。

 根据不同的形成原因，地震主要划分为三类：

一、天然地震

天然地震指地球内部活动引发的地震，主要包括构造地震、火山地震和陷落地震。

在三种天然地震中，构造地震对人类的影响和威胁最大。因为构造地震孕育时间长，能量聚集大，一旦发生地震，通过地震波释放出来的能量十分巨大。破坏力和所造成的社会影响范围较大。

1.构造地震

构造地震指地层构造活动引发的地震，即由于地下岩层受地应力的作用，当所受的地应力太大，岩层不能承受时，就会发生突然、快速破裂或错动，岩层破裂或错动时会激发出一种向四周

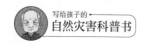

传播的地震波，当地震波传到地表时，将引起地面的震动。世界上85%～90%的地震以及所有造成重大灾害的地震都属于构造地震。

2. 火山地震

火山地震指由于火山作用，如岩浆活动、气体爆炸等引起的地震。它的影响范围一般较小，发生得也较少，约占全球地震数的7%。

3. 陷落地震

陷落地震是由于地下岩层陷落引起的地震。例如，当地下岩洞或矿山采空区支撑不住顶部的压力时，就会塌陷并引起地震。这类地震约占全球地震数的3%，破坏力也较小。

二、人工地震

人工地震，就字面意思而言，一般指由人为活动引起的地震。主要分为两种：炸药震源，如工业爆破、地下核爆炸等造成的震动；非炸药震源，如机械撞击、气爆震源等。

三、诱发地震

诱发地震是指由于人类活动改变了地壳应力和应变而引发的地震。这些人类活动包括：油气开采、矿床开采、地热开采、废水注入深井、修建水库等。

地震的大小以及破坏程度分别由震级和烈度来衡量。

震级指划分震源放出的能量大小的等级。释放能量越大，地震震级也越大。震级这个概念是美国地震学家 C.F. 里克特于 1935 年首先提出的。最初的原始震级标度只适用于近震和地方震。1945 年，B. 古登堡把震级的应用推广到远震和深源地震，奠定了震级体系的基础，利用宽频带地震仪记录远震传来的面波，根据面波的振幅和周期来计算震级。

面波震级（Ms）标度比较适用于从远处（震中距大于 1000 千米）测定浅源大地震的震级，而且各国地震机构的面波震级测定结果也比较一致。因此，世界各国在公布 1931 年新疆 8.0 级地震和交换有关震级的

信息资料时，一般都使用面波震级，即通常所说的里氏震级。另外，为解决巨大地震的面波震级饱和问题，有人提出用震源物理中的地震矩概念推导出一种新的震级标度——矩震级Mw。智利大地震的面波震级为Ms8.5，但矩震级为Mw9.5，为有仪器记录以来最大的一次地震。矩震级已在地震观测中开始试用，但其方法还在进一步研究和完善。它可以作为面波震级的有益补充，但不能完全取代面波震级。

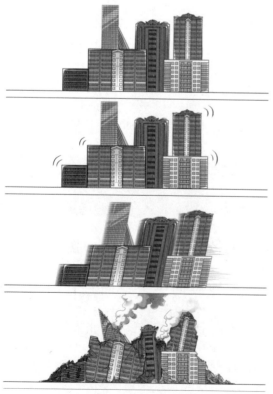

我国一般采用里氏震级，通常每增大两级地震能量相当于增大1000倍。按震级（M）大小可划分为超微震（M<1）、弱震（1≤M<3）、有感地震（3≤M<4.5）、中强震（4.5≤M<6）、强震（6≤M<7）、

大地震（7 ≤ M）及特大地震（8 ≤ M）。

地震发生时，在地面上造成的影响或破坏的程度叫烈度。震级与烈度虽然都可以反映地震的强弱，但是含义并不一样。同一次地震，震级只有一个，但烈度却因地而异，不同的地方烈度值不一样。地震烈度主要有五个要素：地震震级、震源深度、震中距、地质结构、建筑物。如果震源越浅，震中距越短，一般烈度就越高。

早期的地震烈度表完全以地震造成的宏观后果为依据来划分等级。但宏观烈度表不论制定得如何完善，终究用的还是定性的数据，不能排除观察者的主观因素。为此，人们一直在寻找一种物理标准来评定烈度，这种物理标准既要同震害现象密切相关，又要便于用仪器测定。被研究的物理量是地震时的地面峰值加速度。一般认为，地震引起的破坏是惯性力造成的，而惯性力又取决于地面加速度。这样就给烈度的每一等级附加上地面峰值加速度。结果表明，烈度每增加一度，峰值加速度大约增加一倍。于是我国在现行的地震烈

度表中加入了峰值加速度这项物理量数据。

据统计，全世界每年发生约500万次地震，其中有破坏性的近千次，7.0级以上的大地震每年也有十几次。7.0级地震的威力有多大呢？它的能量相当于500颗原子弹爆炸。因此，我们没有理由不去重视地震灾害。

与火山爆发一样，地震也有大致的规律，即地震与一定的地质构造有关。全世界的地震主要集中在两大地震带上。一是环太平洋地震带。它主要位于太平洋边缘地区，即海洋构造和大陆构造的过渡地区。全球绝大多数地震都发生在该带内。二是地中海—喜马拉雅地震带，也称欧亚地震带。此带的一部分从堪察加半岛开始，斜向穿过中亚；另一部分则从印度尼西亚开始，越过南亚喜马拉雅山，两部分在帕米尔高原会合，然后向西深入伊朗、土耳其和地中海地区，再出亚速海。带内常发生破坏性地震及少数深源地震。

从理论上讲，人类最终能够准确预报并控制地震。不过，以现在的科技条件还做不到这些，但也积累了不少的经验，这是人类最终减少并控制地震灾害的必要前提。

我国是地震多发国家，地震造成的损失也极其严重，作为青少年，了解一些地震知识，获取一些经验是非常必要的。

不大的地震，不小的损失

1960 年 2 月 29 日半夜，地震突袭摩洛哥的阿加迪尔，从震级来看，这次地震只有 5.7 级；从地震持续的时间来看，这次地震持续了 15 秒钟。但是，这次地震所造成的损失却大大出乎人们的意料。

我们先来看看摩洛哥的地理位置。

摩洛哥地处非洲西北部，西临大西洋，北临地中海，正好处在非洲板块和欧亚板块之间，为地震多发地区。

阿加迪尔是摩洛哥的一座旅游城市。它的西面是大西洋，南面是著名的撒哈拉大沙漠，东北面有美丽的阿特拉斯山脉。这里既有温暖的海滨浴场，又有独特的沙漠奇观，其独特的气候条件和美丽的风景，每年都吸引着成千上万的游客来游玩。

1960年2月29日的地震使这座美丽的海滨城市化为一片废墟。伴随着阵阵轰鸣声和不断闪烁的火光，阿加迪尔老城区的房屋几乎全部倒塌。而新建的现代化建筑物也有近80%遭到破坏。这座约3.3万人的城市，竟有约1.2万人死亡，伤者更是不计其数。

这次地震从震级来看只算是中强震，但为什么会造成如此大的损失呢？

一方面，这次地震的震源深度很浅，同时震中又十分接近城区，故破坏性较大。

另一方面，这也是主要方面，阿加迪尔整座城市是建在海滩之上的，且人们在设计建筑物时根本没有想到要抗震，所以其建筑物的地基并不牢固。后来人们发现，这座城市的许多建筑物，大风都可以将它们吹倒，又怎么能抵御地震呢。

值得一提的是，阿加迪尔在历史上曾发生过大地震。按理说，生活在这座城市的人应该对地震有所警惕。

但是在这场灾难发生的前一周，大地连续发生了几次轻微的震动，人们却丝毫没有意识到阿加迪尔处于主要地震活动带中，更没意识到灾难即将降临。因此，一次中等强度的地震就带来了惨重的损失。

🖊 智利地震，日本遭殃

　　智利位于南美洲西侧，领土狭长，其形状犹如一把剑。阿空加瓜山临近智利，海拔 6960 米，为南美洲最高峰。而与高山相邻的则是深度超过 5000 米的中亚美利加海沟和秘鲁—智利海沟，巨大的地势落差表明，这一地区的地壳比较特殊，易于孕发地震。

　　事实上，智利本身就处于环太平洋地震带，历史上曾多次发生强震。而其中以 1960 年的大地震破坏性最强。这不仅是因为这次地震持续时间长，震级强，给智利造成了巨大损失，也因为这次地震还给其他国家也造成了重大损失。

　　1960 年 5 月 21 日，地震说来就来，而且来得如

此猛烈。这次被称为"智利大地震"的特大地震震级高达 Mw9.5，是 20 世纪以来最大的地震，也是有仪器记录以来威力最大的一次地震。

民房、办公大楼、医院、学校和港口等建筑顷刻间不是陷入海中，就是被滔天巨浪卷走。其中奇洛埃岛的损失最为严重，岛上的居民全部失踪，大树被连根拔起，地面露出了一道很大的裂缝。

地震还造成了一系列的次生灾害。地震引发了山崩。大量泥石流堵塞河道，造成河水断流。在瑞尼特湖区，大量泥石流涌进湖里，使湖水上涨，淹没了附近的城镇。

地震还可能引发火山喷发。之前一直处于休眠状态的普耶韦火山，因为这次地震，持续喷发了几个星期，遮天蔽日的火山灰给当地造成了巨大损失。

地震还引发了巨大海啸。因地震而疏散到空旷地区的人们，突然发现海水正迅速退去，浅滩的礁石和淤泥变得一览无余。有经验的人知道这是要发生海啸的前兆。刚才还在海滩上躲避地震的人们，此时则拼命地逃离海滩。说时迟、那时快，刚刚迅速退去的海水以排山倒海之势猛扑过来，海水所过之处，建筑物或被卷走，或被冲毁，无一幸免。

海啸反复了好几次，一些以为海啸已经停止而过早返回海滩的人们，不幸被汹涌的海浪卷走。海啸过后，整个海岸一片死寂。

然而这仅仅是一个开始。海啸在袭击了智利沿海地区之后，又以每小时700多千米的速度向西横扫太平洋。

首当其冲的是夏威夷群岛。尽管在海啸到达之前，人们就接到了警报。但他们没有想到，这场海啸来得如此猛烈。铺天盖地的巨浪淹没了岸边的全部土地。面对滔天巨浪，人们事先准备好的防波堤也无济于事。看着一座座楼房被巨浪冲毁，人们束手无策。

之后，海啸又气势汹汹地向西扑向日本。智利离日本约1.7万千米，如此遥远的距离，海啸还会有多大的威力呢？更何况海啸经过夏威夷群岛后已经消耗掉了一些能量。

出人意料的是，当海啸到达日本时，海浪仍然十

分汹涌，翻滚的巨浪猛烈地冲向日本本州岛和北海道岛的太平洋沿岸。上千间房屋被毁，2万多亩良田被淹，800多人死亡，近15万人无家可归。巨浪甚至将一艘大渔船推上了陆地。可以说，此次地震引发的海啸造成的损失和破坏要远远大于地震。

✎ 建在断层上的城市

美国西海岸有一条著名的圣安地列斯断层。这条断层是地球表面最长和最活跃的断层之一，使得这一地区的地震活动既多又严重。造成重大灾害的旧金山大地震就发生在这里。

1906年4月18日凌晨5时12分，许多人还沉浸在梦乡中，没有人会想到一场可怕的灾难正悄然到来。

随着大地的剧烈颤动，楼房纷纷倒塌，房屋倒塌掀起的灰尘直冲云霄。建筑物的倒塌引起了电线短路，电线短路又引发了火灾。地震还破坏了煤气管道，泄漏的煤气使火势变得更旺。消防员及时赶到现场，结果发现是"巧妇难为无米之炊"，供水管道和蓄水池

已被地震破坏，哪里还能抽得出半滴水来呢？

眼看着大火越烧越猛，英勇的消防员不顾生命危险，奋力救火。他们打算利用街道之间的空隙，将大火控制在少数街区内，不让大火向外蔓延。但火势太猛，消防员难免顾此失彼，大火最终失去控制，越烧越大。

大火烧了三天三夜，如果再不控制住，整个旧金山市将会被烧毁。紧要关头，消防员下定决心，用炸药炸出了一条宽阔的隔离带，这才将火势控制住。

大火过后，人们发现地面上的电车轨道已经被扭成"麻花"。人们还发现了一条从北向南长达450千米的大裂缝，沿线的山丘、房屋、道路全部移位变形。这一切自然都是圣安地列斯断层活动造成的。

由于圣安地列斯断层引发的地震特别频繁，有人称它为"西部第一杀手"。

令人头痛的是，即便圣安地列斯断层如此危险，这条断层上却密布着美国西海岸工农业最为发达、人口也最为密集的城市，旧金山和洛杉矶都在这个断层上。一个世纪以来，地震灾害给这里带来了无穷无尽的烦恼。

为了有效监测和预报断层的活动情况，有关部门一直在进行各种努力。1991 年，地质专家提出，利用家庭计算机收集地震资料，是准确预报旧金山地区地震的一个关键性措施。只要给一小部分家庭计算机安装地震数据采集系统，就可以帮助相关部门提高对地震的认识。装上地震数据采集系统的家庭计算机分散在各个地方，这就可以准确测量不同方向的地壳颤动，把这些数据汇集在一起，专家就可以全面掌握地下动态。

✐ 从关东到神户

有一本名叫《日本沉没》的科幻小说曾风靡一时。小说想象在未来的某一天，强烈的地震给日本造成了毁灭性的灾害，地震使日本列岛断裂开来，并逐渐沉入海中。日本人被迫迁移到世界的各个地方。

这本悲剧性的科幻小说为什么会引得人们如此关注呢？因为日本正好处于环太平洋地震带上，是一个地震频繁的国家。据统计，日本每年要发生1000多次地震，甚至在1930年曾达到5744次。日本列岛所在的地壳结构极不稳定，所以日本小震不断，大震常有。在日本，平均每10年就发生一次7.5级地震，平均每20年或30年就发生一次8.0级以上的地震。

生活在世界上最不平静的土地上，这怎能不让日本人提心吊胆呢？因此，《日本沉没》成为畅销书也是必然的。

发生于1923年的关东大地震是日本人无法抹去的痛苦记忆。

那一年的9月1日，8.2级的大地震突然降临在日本人口最密集的关东地区。一时间，房屋纷纷坍塌，正在行驶的火车脱轨。地震使相模湾的一处海底下沉，

并掀起滔天巨浪，吞没了海湾里的无数船只。

与旧金山大地震一样，关东大地震引发的火灾也造成了严重的破坏。因为地震发生在中午时分，许多人正在家中做饭。日本的房屋又多是木结构，倒塌的房屋碰上明火立刻燃烧起来。看到多处同时起火，人们不知道该先扑灭哪处的烈火才好。一时间，火长风势，风增火威，烈火迅速蔓延开来。不知所措的人们只好携带家财用具纷纷逃命，结果造成了交通堵塞，贻误了消防员救火。最终，烈火将东京变成一片火海。

从倒塌房屋中逃出来的幸存者此时被大火逼得无路可逃，只好纷纷逃向横跨隅田川的 5 座大桥。惊慌失措的人们挤在大桥上，大火正一步步紧逼过来。

入夜之后，烈火逼近桥头。挤在桥头的人身上沾上了火，疼得拼命往人群里钻，使更多的人身上着火了。身上带火的人和被挤出桥栏外落水的人，不是被烧死，就是被淹死。

天亮之后，大火终于熄灭了。只有一座桥奇迹般地留存了下来，桥上的人也幸免于难。另外 4 座桥则被烧成了焦炭。桥上的尸体堆积如山，桥下浮尸累累，一片惨象。

据统计，关东大地震中的受灾者达 340 余万人（其中 10 余万人丧生），损失财产约 65 亿日元。

为了记住这个惨痛的教训，也为了寄托对关东大地震中遇难者的哀思，每年的 9 月 1 日正午，东京全城都会响起一阵钟声。

关东大地震让日本人对地震更加重视，他们对地震的预报、建筑物的防震以及城市的消防设施等方面都进行了仔细地研究，并采取有效的改进措施。

一些专家认为神户地区不会发生大的地震，即便发生了，神户的建筑物也是能防震的。

然而，1995 年神户发生了 7.3 级的大地震，地震引发了火灾。起先人们认为消防设施是防震的，大火应该很快就能被扑灭，没想到消防设施居然被地震破坏了，人们只得眼巴巴地看着大火蔓延。一位幸存者后来对记者说，当时的神户就像遭到了空袭一样，其情形十分惨烈。

　　有 10 余万座建筑物在这次地震中毁坏，其中许多防震建筑甚至直接从中间断裂。这又给防震专家提出了新的问题，带来了新的挑战。

地震预报

　　日本的神户大地震让人们对地震预报的准确性、及时性产生了怀疑。其实，地震预报是一个十分复杂的科学问题，想要得到准确的预报，还需要不断地总结经验。

　　我国的地震工作者经过多年的摸索和总结，在地震预报方面取得了不少经验。例如：1971年3月23日、24日新疆乌恰的两次地震成功预报；1975年2月4日辽宁海城7.3级地震成功预报；1975年4月6日（6.4级）至4月9日（6.6级）新疆伽师几次大地震成功预报；1976年5月29日云南龙陵、潞西7.4级地震成功预报；1976年7月28日河北唐山7.8级大地震时，处于震中的青龙县成功预报了震情，迅速撤离了所有人员，没

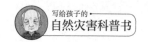
有造成人员伤亡；1976年8月16日四川松潘、平武7.2级地震成功预报……

当然，最成功的是1975年2月4日的辽宁海城7.3级地震的预报。

早在1972年，我国地震工作者就先后在辽宁大连、抚顺、营口、开原、北票、沈阳等地设立了地震测震台，并利用多种新型科学方法进行观测。同时，辽宁省还有500多个群众性的地震业余测报站，严密监视着地质活动。

1974年，监测系统出现了异常信息。

位于辽东半岛南部的金州地震台报告，横切过那里的一条断层，对比前几年短水准测量，发现从1973年到1974年，变化速率突然增大，是过去的20多倍。这条从渤海湾伸展过来的大断层会在近期发生活动吗？

北京大学的研究人员做了地磁测量，测量结果表明磁场强度明显增加，再次测量后，发现磁场强度又迅速下降了。这种不同寻常的升降变化，说明地下深处出现了问题，值得注意。

国家海洋局在渤海北部的六个潮汐观测站经观测发现，1973年底，渤海海平面上升了十几厘米，这是一个十分罕见的现象。那么，是什么原因使渤海变得这么不安定呢？

并且，1974年上半年，辽宁省的小型地震明显增多。辽宁西部在不到两个月的时间里，先后发生了多次小型地震。此外，北部的铁岭、东部的本溪、南部的熊岳，以及辽东半岛两侧的海域，也都陆续发生了一系列中小型地震，比往年同期增加了4倍。俗话说"小震闹，大震到"，看来这里要出大问题了。

1974年6月29日，国务院批转了中国科学院上报的《关于华北及渤海地区地震形势的报告》，要求附近省、市、自治区做好防震准备。

1974年11月，辽宁省陆续出现了许多异常现象。许多井、泉点水位反常升降、混浊和翻花冒泡。另外，还有一些人发现了地动、地光、地温等现象。

这些异常现象已经很能说明问题了。

　　进入 12 月以后，处于隆冬季节的辽东半岛地面上铺满了冰雪。有一天，几个小学生在放学回家的路上突然看见几条蛇正在雪地里挣扎。他们感到非常奇怪，蛇不躲在洞里冬眠，跑出来干什么呢？会不会是地下出了什么事，使它们无法安眠？孩子们连忙将这件事上报给学校的业余测震小组。同样的例子在别处也有发现。看来，在辽东半岛很大一部分地区，许多原本在地下冬眠的动物由于无法安身，纷纷冒着严寒跑出了洞。

　　家禽也渐渐变得不安分起来。1975 年 1 月 25 日下午，许多饲养场里都发生了鸡、鸭、鹅乱飞乱叫的现象。这种反常现象引起了饲养员的警觉，他们将这些情况报告给了地震局。

　　相关工作者把所有经过查实的出现异常现象的地点都标注在地图上，他们发现了东起丹东、西至锦州、北起沈阳、南至大连的两条异常地带。两条异常地带的交叉点就是海城、营口地区，由此确定了未来地震的震中位置。

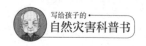

临震的前几天，在震中地区，各种异常现象达到了顶峰。

2月3日晚，营口的一个公社有十几头牛脱缰而逃。半夜里，盘锦的马路上钻出几十只老鼠，像喝醉酒似的乱挤成一团，即使人们用手电筒的强光照射，它们也不逃跑。

2月4日清晨，鞍山千山养鹿场里的鹿群无故"炸群①"。震前半小时，震中区有3只平日里训练有素的警犬不听从指令，鼻子嗅地不抬头，发出反常的哀号。临震前，岫岩一个冰冻养鱼池冰面的通气孔中忽然喷出一股高达3米的水柱……

参照地震台记录下来的大量科学资料，地震工作者迅速发出了紧急警报：一场大震即将发生，应紧急撤离群众。

1975年2月4日19时36分，地震如期而至。但这时，绝大部分群众已经撤离到了安全地带。

辽宁海城、营口地区的地震预报取得了很大成功。

①炸群：牲畜受到惊吓，四处乱跑。

不然的话，这次大地震不知道要造成多大的损失。

尽管如此，也并不能说明人们已经完全掌握了地震的规律。

一年以后，在河北唐山发生了更大规模的地震，在这之前，却没有任何预报，致使唐山大地震造成了重大损失。

地震预报是一个十分复杂的科学问题，即便是世界上地震预报最先进的国家也没有完全解决地震预报不准的问题。

不过，只要我们不断地努力，将来一定会解决这些问题的。

不仅如此，人们还认为地震积蓄的巨大能量将来也许可以被开发利用，为人类服务。

强烈的破坏性地震的发生，是由于长期积蓄的巨大能量在一刹那间全部释放出来造成的。既然这样，是否可以采取人工干预的方式，通过化整为零的办法，将其分解成一系列小型地震，来逐渐释放它的能量呢？

人们已经发现，水库蓄水、油井注水、采油和核

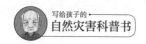
爆炸等活动，都能造成地震。

现在相关专家通过使用钻孔向深层地下注水，引发部分微震的试验，来探索缓解地震威力、减弱地震等级的可能。沿着这条路走下去，在未来，通过某种科学方法将地震释放的能量转换为电能或热能，也不是不可能。

✏ 震中在唐山

我国处于环太平洋地震带和欧亚地震带两条地震带中间，地震活动十分频繁。查阅历史，7.0级以上的破坏性地震发生过许多次，造成的损失也是相当惊人的。

1556年1月23日，陕西关中地区发生8.0级地震，由于事先未作预防，地震发生后又没有得到及时救援，这次地震造成了80余万人死亡，是世界上有文字记载以来死亡人数最多的一次地震。

1920年12月16日，宁夏海原发生8.6级地震，造成约10万人死亡。

1976年7月28日，河北唐山发生7.8级地震。

由于唐山位于东北部沿海地区，靠近东北重工业基地和北京、天津等大城市，优越的地理位置吸引了大量人口向此处聚集。因此这次地震造成了难以估量的损失。

1976 年 7 月 28 日凌晨 3 时 42 分 53.8 秒，华北大地发生了强烈的地震，许多地区都有震感，其中北京和天津震感最为强烈。

这次地震的震中在哪里呢？

只有知道地震的震级和震中位置，才可以评估损失，并采取相应措施。

然而，当时国家地震局却没有得到这些信息，这可急坏了党中央和国务院。凌晨 5 时，国家地震局做出决断：兵分四路向东、南、西、北四个方向搜寻震中。

与此同时，一辆红色救护车拉响警报器，从唐山的开滦煤矿开出，一路狂奔，直向北京开去。在离新华门仅十几步的地方，救护车被警卫拦住。车上的人名叫李玉林，他满身血污，见状迅速跳下救护车，对警卫说："我们是从唐山来的……"

警卫相信了他们的话，并告诉他们如何去国务院接待站。到了国务院接待站，李玉林留心看了一眼接待室的大挂钟，时间是早晨8时零6分，距离唐山大地震已经过去了4个半小时。工作人员打完了电话，要李玉林马上上车，他们的车一直开进了中南海北门……

10点左右，中央成立了抗震救灾指挥部。举国上下针对唐山的抗震救灾行动开始了。后来有人形容，李玉林的举动为中央救灾决策下达"抢下了一个大白天"。

同日，新华社向全国和全世界播发了唐山发生7.5级地震的消息（几天之后又公布了校准后的震级为7.8级）。

据资料显示，这次地震释放出的能量相当于400颗原子弹爆炸——真是一场空前的人间浩劫。

此时的唐山已是一片残垣断壁。往日高耸的烟囱不见了，矗立的大厦坍塌了，厂房、商店、学校、医院、电影院、居民住宅已变成一片废墟。从倒塌的危楼中，依然可以看见那些不幸的人在生命最后一刻的挣扎，一切都是那样惨不忍睹。大街上，一条条可怕

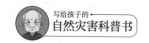

的地震裂缝里涌出一汪汪黑水，火车站里的铁轨已经扭曲得像一根根麻花。有一列15节车厢的北京至齐齐哈尔T40次特快列车因地震脱轨而燃起冲天大火。雄伟宽阔的滦河大桥一大截儿已掉入河中。

废墟中，一些受伤人员呼天喊地，呻吟不已。人们到处寻找医院。可是医院全都塌了，该怎么办呢？于是，人们开始寻找医生，哪里有医生，哪里就成了医院。空军唐山机场（现唐山三女河机场），一个由27名医护人员组成的卫生队忙碌着，一批批伤员被送来，可是药品却越来越紧张。绷带没有了，药箱空了，医生的心也要碎了。

14时，3架救灾飞机在机场降落，16时，又有5架飞机降落。紧接着，一架又一架飞机在机场降落，它们运来了救援人员和救援物资。据统计，在震后的14天里，唐山机场共起降飞机2400多架次。最多的时候，一天竟达354架次。正是依靠这些英勇无畏的飞行员和地勤人员的辛勤工作，遭受地震重创的唐山终于得以慢慢缓过气来。重建新唐山的工作也从此拉开了序幕。

据统计，这次地震共造成 20 余万人死亡，直接经济损失逾 100 多亿元。

尤其值得一提的是唐山大地震所造成的影响。由于破坏严重，一时间群众对地震产生了极度恐惧的情绪。这一年，全国各地由于误传和其他原因，因惧怕地震而露宿户外的人数达 4 亿多人，这严重影响了人们正常的生活和工农业生产，这种心理创伤直到很久以后才得以慢慢恢复。

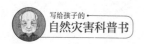

世纪末的大地震

1999年8月17日凌晨3时左右，在土耳其的最大城市伊斯坦布尔，劳累了一天的人们大多已进入了梦乡。而离它不远的另一座土耳其西北部的重要城市伊兹密特，此时已变得静悄悄的了。人们根本就没有想到，一场灾难正逼近他们。

地震总是在人们毫无准备之时说来就来。当7.8级地震在土耳其北部发生时，伊斯坦布尔和伊兹密特等城市遭到了沉重的打击。

地震发生当日，官方公布的死亡人数为1000多人，第二天增加到了2000多人，之后每天死亡人数都在增加。到了25日这天，死亡人数已近2万人。

一位土耳其的地震专家认为，这次地震伤亡惨重主要是因为建筑质量差。从20世纪80年代初期以来，土耳其经济快速发展，不少建筑承包商为了赚取更多的差价而购买质量较差的建筑材料，同时在施工过程中，盲目追求速度，许多居民楼房就是这样建成的。这样的楼房，当然经不起地震的破坏。

当然，造成人员伤亡如此惨重的原因还有其他一些，比如这次地震的强度很大，震级为7.8级，初震来得猛，而且持续时间长达45秒钟。另外，地震发生在半夜，人们都在熟睡之中，毫无准备等等。

地震发生之后，土耳其总理立即向全世界发出援助请求。于是，地震专家以及训练有素的救援人员从世界各地赶往地震灾区，各种救灾物资也迅速运到土耳其。

在地震灾区，训练有素的救援人员从死神手中救出了许多被压在倒塌的房屋下面的居民。救援队员成了灾区人们最喜欢、最需要的人。人们亲眼看到，一位妇女的头被钢筋水泥死死卡住，胸部以下又被压在水泥板下，

生命危在旦夕。一支从欧洲来的救援队及时赶到，立即就地抢救。他们的做法是，先把她的脖子用牵引套固定，然后进行输液，再逐渐清理她头部周围的钢筋水泥。最后，在把她的双腿从水泥板下慢慢抽出来的过程中，伤者的心脏突然停止了跳动，救援人员及时进行了抢救。最终，这位妇女成功获救。

据专家介绍，此次发生在土耳其西北部的大地震与北安纳托利亚断层的活动有关。

北安纳托利亚断层在 20 世纪以来，已发生过 11 次大地震。1939 年的 8.0 级大地震，使断层长达 362 千米的地段破裂。1942 年到 1967 年，北安纳托利亚断层又发生过 5 次大地震，而每一次地震都使断层遭到了破坏。

1997 年 8 月，美国科学家迪特里希等在《国际地质杂志》上著文，他们认为，前一次大震引起的地壳变动，会为下一次地震创造条件，因而地震也会像多米诺骨牌一样接连发生。他们在文中预言，北安纳托利亚断层的西端是最危险的地区，由于前几次大地震给伊兹密特地区的地层造成了很大的压力，因此，30年内，该地区有可能发生强烈地震。1999年8月17日大地震发生的地方，恰巧就是上一次（1967年）地震引起的断层裂缝终止的地方，正好是伊兹密特地区的中心。

尽管已经有专家预言过，但预言却无法帮助人们摆脱8月17日发生的厄运。于是，人们不禁要想，人类对于这个地球究竟认识多少？德国专家金德教授无奈地说："尽管我们进行了这么多年的研究，但是始终无法精确地预测到地震的发生！"他还说，在灾害的预测方面，气象学家可以利用卫星更容易地获取大气云层运动的信息，并以此做出准确的气象预报，但地震学家的仪器还无法与之相比，因此只能对地震做出十分模糊的预测。

尽管如此，许多人还是认为迪特里希等人的预测还是有积极意义的。

另一方面，在目前这种情况下，努力提高建筑物的防震抗震能力，也是十分重要的。

汶川特大地震

2008年5月12日14时28分，人们或在上班途中，或在忙碌地工作，或正在安静地午睡。突如其来的地震波及了大半个中国及亚洲多个国家和地区，北至辽宁，东至上海，南至澳门，西至巴勒斯坦均有震感。

地震了……一时间，整个中国陷入了一片慌乱之中，当时的成都交通瘫痪、通信中断，颤抖的大地令房屋强烈地摇晃，高校教学楼的门窗强烈地震动，震碎的玻璃也伴随着大地的轰鸣声掉落下来。

到底是哪里发生了地震？是多大的地震？没有人知道。人们只能在慌乱中尝试着以各种各样的方式联系亲人和朋友。

在恐惧中焦急地度过了近一个小时，通信终于恢复了，人们赶紧联系亲人，互报了平安，并留意着收音机里传出的最新消息：四川汶川发生了7.8级大地震。

接下来的这个夜晚，成都的郊区、公园和高校都挤满了人，大家只能露宿旷野，相依相偎着度过了灾后的第一个夜晚。地震当天，国家领导人赶赴灾区指挥抢险救灾，全国各地的志愿者队伍齐奔四川，国际友人也派遣了专业的救援队伍前来协助救援。

后来经过确定，此次地震属于构造地震，震中位于汶川县映秀镇，震级为里氏8.0级，因此被称为汶川特大地震。地震余震区是龙门山断裂带这个长约300千米的狭长区域，主要是理县—汶川—茂县—北川—平武—青川这一带。

此次地震释放的能量极为惊人，再加上震源位置在地下大约14千米处，属于浅源地震，因此对地面的建筑物造成了严重破坏，并辐射波及全国大部分省市。由于地震震中远离大城市且发生在白天，在灾难发生后，全国上下立刻展开救援行动，将伤亡及损失降低

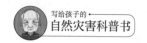

到最小。截至 2008 年 9 月 25 日, 此次地震共造成约 6.92 万人遇难、1.79 万人失踪、430 万人不同程度受伤。

　　汶川特大地震是中华人民共和国成立以来破坏性最强、波及范围最广、灾害损失最重、救灾难度最大的一次地震。面对这场全国性的大灾难, 为了表达对遇难同胞的缅怀之情, 国务院规定 2008 年 5 月 19 日至 21 日为全国哀悼日, 在此期间, 全国和各驻外机构降半旗致哀, 停止公共娱乐活动, 外交部和我国驻外使领馆设立吊唁簿。2008 年 5 月 19 日 14 时 28 分起,

全国人民默哀三分钟，默哀期间汽车、火车、舰船鸣笛，防空警报鸣响。

汶川特大地震是由于印度板块向亚洲板块俯冲，造成青藏高原地壳缩短，地貌隆升，向东挤出。这一过程中又遇到四川盆地下面刚性地块的顽强阻挠，构造应力能量的长期积累，最终于 2008 年 5 月 12 日在龙门山北川—映秀地区突然释放，造成了地震。

龙门山地震带是四川的强烈地震带之一。龙门山地震带位于四川盆地西北边缘，广汉市、都江堰市之间，为东北—西南走向，包括龙门、茶坪、九顶等山。自古以来，龙门山地震带就有过多次活动。1900 年后其活动更为活跃，1900 年 ~ 2000 年这百年间，5.0 级以上地震则比较频繁，有 1900 年邛崃地震、1913 年北川地震、1933 年理县和茂县地震、1940 年茂县地震、1941 年康定地震、1949 年康定地震、1952 年康定和汶川地震、1958 年北川地震、1971 年大邑地震和 1999 年绵竹地震等十余次。

这条地震带缘何成为地震高发地区？这是由于地

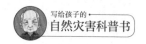
球内部的动力作用，在过去的亿万年中，印度板块一直在向北缓慢移动。然而，我国所在的欧亚大陆板块阻挡了印度板块的北进之路。

在两大板块的挤压下，青藏高原不断抬升。抬升到一定程度后，受到重力作用影响，开始向海拔相对较低的东部地区滑动，并与包括四川盆地在内的扬子地台形成新的挤压。在这种作用力下，川、滇一带形成了独特的横断和褶皱地貌。

该地区上一次发生如此剧烈的地震要追溯到遥远的 1933 年，这一年的 8 月 25 日，与汶川相邻的茂县叠溪曾经发生过 7.5 级（美国地质勘探局核定为 7.4 级）地震。由于地震波更倾向于沿着断裂带传播，因此，位于龙门山断裂带上的城镇和村庄伤亡都极为惨重，造成近万人死亡。

实际上，龙门山断裂带由三条平行的主干断裂带组成：最西边的断裂带位于汶川—茂县一带，但并不经过汶川县城，而是从其东部穿过；中间的断裂带则连接映秀—北川一线，并向北延伸到青川县，向南延伸到都江堰；最东边的一条主干断裂带则位于绵竹、江油至广元一线。

2008 年 5 月 12 日 14 时 28 分，当巨大的能量在与都江堰接壤的汶川县南部被释放之后，就迅速沿中间断裂带向东北方向扩展，形成一个带状的地震区。在这场灾难中，这些位于断裂带上的地区，首当其冲遭受了严重破坏。沿着该断裂带迅速传递的巨大能量，甚至到了甘肃和陕西的部分地区，如甘肃陇南（尤其是文县地区）和陕西汉中等。

防震小知识

地震的前兆

地震预报比天气预报困难得多，说来道理很简单，我们可以通过观察天空中的风和云，测量气温和雨量来预测天气。地壳深处看不见、摸不着，要想准确地预报地下活动简直是"难于上青天"。

尽管地震预报很困难，但有时候也能够比较准确地预报。1975年2月4日，辽宁海城发生的7.3级地震，因为震前发出了准确预报，及时撤离了群众，才避免了地震造成重大损失。

其实，地震一般都有一些前兆，包括地声、

地光、地下水异常、气候异常、动物异常等现象。需要说明的是，除了震前由大地直接释放的特殊现象，如地声、地光，别的现象只可以作为参考，不能当作根据。

1973 年四川炉霍 7.9 级地震前，一个农民赶猪进圈。想不到平时听话的猪说什么也不肯进去，竟转身冲到了外面。农民去追它，地震就在这个时候发生了。身后的房屋随之倒塌，农民逃过一劫。

2008 年四川汶川 8.0 级地震前，崇州九龙沟重灾区的三郎镇茶园村发生了一件怪事。天空中忽然聚集了好几百只老鹰，上下盘旋。村民们觉得很奇怪，纷纷出门观看。想不到正在这个时刻，大地突然发出怒吼。因为几乎所有的村民都跑出来好奇地看老鹰"开会"，才得以躲过了这场浩劫。另外，在这次地震前，绵竹灾区数不清的蛤蟆排队上街；汉旺的小鸟集体失踪；而在什邡洛水镇，就连平日里胆小的老鼠也成群结队在

路上奔逃。

不消说，上述的这些动物异常现象都是地震的前兆。此外，人们还根据实际经验，总结出一些现象：平日里听话的狗趴在地上哀叫；鸡鸭冲出圈舍，扇着翅膀乱飞乱叫；鱼缸里的金鱼浮躁不安、游上游下……

但是动物活动有自己的特点，譬如蛤蟆成群结队的活动就是一种常见的现象，不能简单地认定为要发生地震。否则只要谁家鸡飞狗跳，就稀里糊涂宣布是地震发生的前兆，鼓动大家一起逃生，岂不是乱套了吗？

震前的准备工作

如果得到有关部门确切的地震警报，就必须做好下列准备工作：

一、固定好家中的家具，取下墙上的装饰品，以免发生地震时被砸伤。

二、立刻关好天然气和电闸，把酒精、汽油、煤油等易燃物搬到室外的安全地方。

三、准备好食物、手电筒和一个简单的医药箱，别忘记把家里的贵重物品也收拾好。

四、带上手机和收音机，注意准备好充电设备。

五、在室外空旷的地方搭建防震棚，暂时住在里面避险。

 地震发生了怎么办？

虽然地震是人类目前无法避免和控制的自然灾害之一，如果我们能掌握一些应对技巧，当地震来临时，就可以将灾难带来的伤害降到最低。

一、为了您自己和家人的人身安全，地震发生时，请躲在桌子等坚固的家具下面。

要知道，破坏性地震从人感觉到震动到建筑物被破坏，一般平均只有10秒，在这短暂的时间里，我

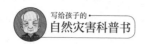
们必须根据所处环境迅速做出能够保障生命安全的抉择。可以选择躲到重心较低且结实牢固的桌子下面，并紧紧抓牢桌子腿。如果没有桌子等可供藏身的条件，尽量用坐垫等物品保护好头部。

二、地震发生时，立即切断火源，失火时立即扑救。

如果发生大地震，有可能遭遇消防车无法灭火的情形。因此，我们能否及时切断火源是将地震伤害控制在最低程度的重要因素之一。

地震时，切断火源的机会有三次：

第一次机会：在感知到大震之前的小震的瞬间，就应即刻互相招呼："地震！快关火！"关闭正在使用的取暖炉、煤气炉等设备。

快关火！

第二次机会：如果在发生大震时去关火，一旦放在煤气炉、取暖炉上面的水壶等物体滑落，容易造成危险。因此在大震停息时，要及时寻找可关闭的火源。

第三次机会：如果发生失火的情况，在短时间之内，也还是可以扑灭的。为了能够迅速灭火，平时一定要将灭火器、消防水桶等设备放置在手边。

三、逃生时不要慌乱，要注意保护好头部，避开危险之处。

当大地剧烈摇晃时，人们都会有扶靠、抓住身前物体的心理。身边的门柱、墙壁大多会成为扶靠的对象。这些看上去结实的东西实际上很危险。逃生途中，需要时刻注意玻璃窗、广告牌等物体，它们易掉落下来砸伤逃生人员，所以要注意用手或手提包等物体保护好头部。

四、将门打开，确保出口通畅。

钢筋水泥结构的房屋常常会因为地震的晃动

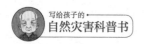
造成结构错位而打不开门。所以地震时请将门打开，确保出口通畅。此外，家中要准备好梯子、绳索等，以确保被关在屋子里时能够顺利逃脱。

五、在商场、剧场等公共场所时，要按照工作人员的指示行动。

在商场、地下街等人员密集的地方，一定要按照商店职员、警卫人员的指示来行动。即便遇到停电的情况，紧急照明电灯也会即刻亮起来，所以一定要保持冷静，避免发生骚乱。

如果遇到由地震引发的火灾，一定要压低身体，用湿毛巾堵住嘴鼻，用湿毯子披围在身上，以避开致命的烟雾，根据相关指示逃生。

在发生地震、火灾时，千万不能使用电梯。如果在搭乘电梯时遇到地震，可以将操作盘上各楼层的按钮全部按

下，近年来，建筑物的电梯都装有管制运行的装置。地震发生时，会自动停在最近的楼层。一旦电梯在某一层停下，确认安全后迅速离开电梯避难。万一被关在电梯中，请通过电梯中的专用电话与管理员取得联系并求助。

六、务必注意山崩、断崖落石或海啸。

地震时，在山体陡峭的倾斜地段易发生山崩、断崖落石等危险，此时应迅速撤离到安全的场所避难。在海岸边，有遭遇海啸的危险。请注意观察潮水状况，及时撤离到安全的场所避难。

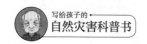
七、避难时要尽量减少随身携带的物品数量。

如果地震以及其造成的次生灾害，出现危及人身安全等情况时，要及时采取避难措施。原则上要以市民防灾组织、街道等为单位，在负责人及警察等带领下，采取徒步的方式抵达避难点。因此，应尽量减少随身携带的物品数量。

八、不轻信谣言。

在发生大地震时，人们易产生动摇心理。为防止发生混乱，每个人依据正确的信息冷静地采取行动极为重要。

要学会筛查信息，相信政府、警察、消防等机构，决不轻信不负责任的流言蜚语，不要轻举妄动。

万一被困在废墟里怎么办？

一、保持镇定。在保存体力的同时，尽量设法用物体支撑压在身体上面的重物，避免余震二次打击。此外，要尽可能活动身体，设法自救。

二、留意周围的动静，耐心等待救援。听到救援人员的声音，可以敲打身边的金属器物提醒。

三、如果身边有食物和饮水，务必要节约取用。实在没有吃的，就算啃皮带、喝尿液也要坚持下去。

四、探明身边有没有其他被困人员，互相鼓励，增强信心。

五、尽量保持清醒状态，以免错过救助。

崩塌、滑坡和泥石流

作为地质灾害的主要灾种，崩塌、滑坡和泥石流具有突发性强、分布范围广和一定的隐蔽性等特点，每年都造成巨大的经济损失和人员伤亡，是严重影响我国国民经济建设和社会发展的自然灾害。

什么是崩塌？

崩塌，又称崩落、垮塌或塌方，是比较陡的斜坡上大小不等、零乱无序的岩块（土块）在重力作用下突然脱离山体崩落、滚动，堆积在坡脚或沟谷的一种地质现象。呈锥状堆积在坡脚的堆积物称崩积物，也可称为岩堆或倒石堆。

　　这种自然灾害一般多发生在坡度较大的斜坡上。崩塌的物质称为崩塌体。如果崩塌体是土质的，则称为土崩；崩塌体是岩质的，则称为岩崩，大规模的岩崩就称为山崩。崩塌体与坡体的分离界可称为崩塌面，崩塌面往往都是倾角很大的界面，如节理、片理、劈理、层面、破碎带等。崩塌体的运动方式主要为倾倒和崩落。

　　崩塌一般发生在降雨过程之中或稍微滞后、强烈地震过程之中、开挖坡脚过程之中或滞后一段时间、水库蓄水初期及河流洪峰期、强烈的机械震动及大爆破之后。

　　它有两个很重要

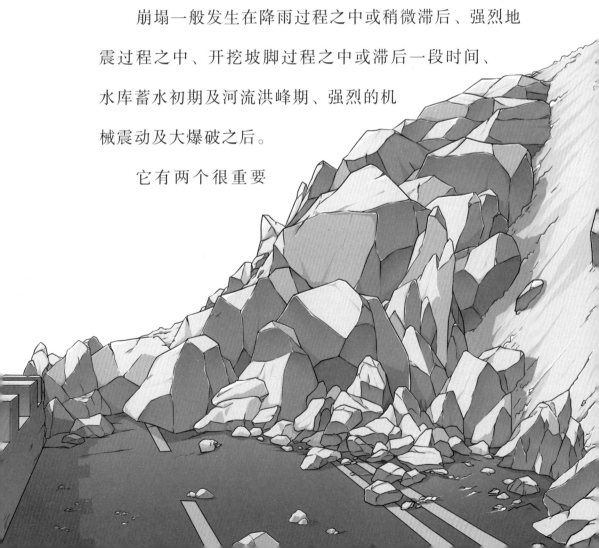

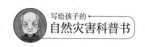
的特征，即速度快（一般为5～200米／秒）和规模差异大（小于1立方米～108立方米）。崩塌后，崩塌体各部分相对位置完全打乱，大小混杂的石块翻滚落下，形成倒石堆，倒石堆在水平方向上有一定的分选性。

崩塌的形成大致受两方面影响：一、崩塌形成的内在条件包括：岩土类型、地质构造、地形地貌等；二、崩塌形成的外界因素很多，主要有：地震、融雪、降雨、地表冲刷、不合理的人类活动，以及一些如冻胀、昼夜温度变化等因素。

崩塌根据不同的分类方式可以划分为不同的类型。根据坡地物质组成划分有：崩积物崩塌，即山坡上已有的崩塌岩屑和沙土等物质再一次形成崩塌；表层风化物崩塌，即当地下水沿风化层下部的基岩面流动时引起表层风化物沿基岩面崩塌；沉积物崩塌，即有些由厚层的冰积物、冲击物或火山碎屑组成的陡坡，由于结构松散而形成了崩塌；基岩崩塌，在基岩山坡面上常沿节理面、地层面或断层面等发生的崩塌。根据崩塌体的移动形式和速度可以划分为：散落型崩塌、滑动型崩塌、流动型崩塌。

 什么是滑坡？

滑坡就是指构成斜坡的岩体在重力作用下失稳，沿着坡体内部的软弱结构面（带），整体地或者分散地顺坡向下滑动的自然现象，俗称地滑、垮山、山崩等。滑坡也是一种常见的自然灾害，容易造成人员伤亡、财产损失、构筑物和生态环境的破坏，以及资源损失等。

自然界中的滑坡形态多种多样，一次完整的滑坡，一般由滑坡体（滑坡）、滑动面、滑动带、滑坡床、滑垫面、滑坡后壁、滑坡台地、滑坡舌、滑坡鼓丘、滑坡轴、滑坡洼地等要素构成。

其中，滑坡体（滑坡）与滑动面是构成滑坡的重要因素。滑坡体（滑坡）是指产生了移动的那部分，即滑坡的滑动部分。滑动面则是指滑坡体边沿下伏不动的岩、土体下滑的分界面，简称滑面。

滑坡有多种分类方式：按滑动速度分类、按滑坡

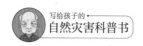
体体积分类、按滑坡体厚度分类、按滑坡规模大小分类、按形成年代分类等。

　　其中，根据滑坡速度将滑坡分为四类：一、蠕动型滑坡。这种类型的滑坡人们难以凭肉眼观测，只能通过仪器观测才能发现。二、慢速滑坡。每天滑动数厘米至数十厘米，人们可以凭肉眼观察到。三、中速滑坡。每小时滑动数十厘米至数米的滑坡。四、高速

滑坡。每秒滑动数米至数十米的滑坡。

根据滑坡体体积，将滑坡分为四个等级：一、小型滑坡：滑坡体体积小于10万立方米；二、中型滑坡：滑坡体体积为10万立方米～100万立方米；三、大型滑坡：滑坡体体积为100万立方米～1000万立方米；四、特大型滑坡（巨型滑坡）：滑坡体体积大于1000万立方米。

什么是泥石流？

泥石流，一个可怕的名字，它具有暴发突然，历时短，搬运能力、冲击能力和淤积能力较强的特点，并会造成严重的危害。它是在山区沟谷中，由暴雨、冰雪融水等水源激发的，含有大量泥沙、石块的特殊洪流。暴发时，混浊的流体沿着陡峻的山沟前推后拥，奔腾咆哮而下，地面为之震动，山谷间犹如雷鸣的声音不断回响。在很短的时间里便可以将大量泥沙、石块冲出沟外，在宽阔的堆积区肆意地横冲直撞、漫流堆积，给人们

的生命财产造成重大危害。

泥石流的形成必须同时具备三个基本条件：一、有利于贮集、运动和停淤的地形地貌条件，如地形上要具备山高沟深、地形陡峻、沟床纵度大的特点。地貌上要有形成区、流通区和堆积区三部分。形成区要利于水和碎屑物质的集中，流通区则能使泥石流迅猛直泻。二、有丰富的松散土石碎屑固体物质来源。三、短时间内有充足的水源激发。

泥石流也有多种分类方式，如果按物质成分分类，由大量黏性土和粒径不等的沙粒、石块组成的叫泥石流；以黏性土为主，含少量沙粒、石块，黏度大、呈稠泥状的叫泥流；由水和大小不等的沙粒、石块组成的称之为水石流。如果按照泥石流的成因分类，则可以分为水川型泥石流和降雨型泥石流；按泥石流流域大小可以分为大型泥石流、中型泥石流和小型泥石流；如果按照泥石流发展阶段划分，则有发展期泥石流、旺盛期泥石流和衰退期泥石流三种类型。

泥石流有季节性和周期性特点，泥石流一般发生在一次降雨的高峰时段或是连续降雨之后。可以说，连续降雨或是暴雨是触发泥石流的重要动力条件，因为泥石流发生与前期降水造成松散土含水饱和程度和短历时强降雨所提供的激发水量有十分密切的关系。

我国是个多山的国家，山地和丘陵约占国土面积

的 2/3。众多山区几乎都具备泥石流形成的基本条件，使我国成为世界多泥石流的国家，遭到泥石流不同程度危害的省、市、自治区达 23 个。泥石流高发区一般分布在藏东南、川西—川南、滇东北—滇西、甘南—陕南等地。

而在此之中，泥石流又集中分布在一些大断裂、深大断裂发育的河流沟谷两侧，这是我国泥石流密度最大、活动最频繁、危害最严重的地区。在这些大的构造带中，高频率的泥石流又往往集中在板岩、片岩、片麻岩、混合花岗岩、千枚岩等变质岩系及泥岩、页岩、泥灰岩、煤系等软弱岩系和第四系堆积物分布区。此外，泥石流的分布还与大气降水、冰雪融化等因素密切相关。

泥石流的危害极其严重，对居住环境的破坏是其最常见的危害之一，它常常冲进乡村、城镇，摧毁房屋、工厂，淹没人畜，毁坏土地，甚至造成村毁人亡的灾难。泥石流可能直接埋没车站、铁路、公路，摧毁路基、桥涵等设施，致使交通中断，引起正在运行的火车、汽车颠覆，造成重大的事故。此外，它还可能冲毁水电站、引水渠道及过沟建筑物，淤埋水电站尾水渠，并淤积水库、磨蚀坝面等。

泥石流之所以发生的频率不断增大，与人类活动是密不可分的。由于现代生产技术的不断发展，人类对自然资源的开发程度和规模也在不断扩大，导致近年来人为因素诱发的泥石流次数不断增加。

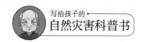

飞石

四川西北部的岷江上游是羌族聚居的地方。20世纪60年代初，长春电影制片厂《羌笛颂》摄制组的工作人员曾经在这里被吓出一身冷汗。当时，摄制组的一辆汽车正在沿江的山道上飞速行驶，忽然一块巨石落下。多亏驾驶员反应灵敏，及时刹住了车。不然的话，汽车很可能被这块从崖顶崩落的大石头砸扁。驾驶员见前面的路已被阻断，正要掉头返回，不曾想车后面又掉下一块石头。两块从山上滚下的大石头把汽车紧紧夹住，使其进退不得，车上的人一时间不知该如何是好。

当雨水或是别的原因触动了岩顶的风化岩层，一些石块往往会失去平衡，顺着山坡滚落，或者凌空飞坠而下。这些从山上滚下来的飞石是山区常见的自然灾害。

在飞石发生的过程中，有时候一块小石子也能给人们带来不幸。在岷江上游的山道中，有一次，一块石头飞落而下，正好击中一个将头伸出车窗的乘客，乘客当场死亡。

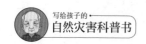
通过研究，人们发现，产生飞石的原因大多是由于天然植被被破坏。岩层失去保护，经过日晒雨淋，或是树根的劈裂作用，产生一些不稳定的石块，稍有外力影响，石块就会崩落。

如此说来，人们也应该对此负有很大的责任。

🖊 紧急刹车

1981 年 7 月 9 日，成昆铁路线上，许多列车被迫滞留在四川凉山地区。这时已是半夜，天空下着雨，车窗外一片漆黑，什么也看不清。乘客们纷纷询问列车员发生了什么事情，列车员也说不清。窗外的雨还在不停地下着，列车待在原地不动。一个小时过去了，又一个小时过去了，列车依然静静地停着，丝毫没有要出发的样子。

究竟是什么原因致使这么多列车同时都停在原地不得动弹呢？原来是大渡河支流利子依达沟暴发了泥石流。

当晚，在利子依达沟下了一场特大暴雨，短短两

个小时降雨量就达到100毫米，暴雨形成的洪水携带着山坡上的土石一股脑儿地冲下来，再刨起山沟沟底的沙砾，变成一股黏稠的泥石流，在沟谷里四处冲撞，冲毁了一切障碍物。

这股泥石流的力量实在太强大了，竟把一块重达400余吨的巨石从山上冲到山下，而其中大大小小的石块更是不计其数了。这些随着洪流翻滚的石块就像炮弹一样，一下子就将利子依达沟上的铁路高架桥冲毁了。

被冲毁的铁路高架桥正好连接着两个隧道口，列车从一个隧道驶出，穿过铁路高架桥就立刻钻进了另一个隧道之中。现在铁路高架桥没有了，两岸峭壁之间是无法通行的。

正在这时，让人担忧的事发生了。凌晨1时46分，离铁路高架桥被冲毁仅仅16分钟，一列由格里坪驶向成都方向的442次直快列车，风驰电掣地冲了过来。此时，火车司机还不知道桥已被冲毁。不过，富有经验的司机在驶进隧道时，习惯性地朝另一端的洞口看了一眼。尽管当时洞内、洞外的光线都很暗淡，但他仍从机车射出的探照灯光束里看清了前面的情况。

刹车已经来不及了，列车在马力强大的机车的牵引下，向前疾驶。这一定是刚发生的事情，附近的车站还来不及发出警告，就把这列满载旅客的列车放行过来。

现在，只有司机知道发生了什么。

留给他考虑的时间只有几秒钟。非常遗憾的是，如今我们已经无法了解这位火车司机当时的想法了。火车司机大多具有这方面的应急知识，当时他只要顺着车行进的方向蜷曲身子跳出去，不一定会死。但是，他没有这样做。

车上的乘客感到连续两下强烈的震动。这震动来自紧急刹车。驾驶室内的司机用力拉了两下刹车手柄，使列车发生了强烈震动。

短短几秒钟内，他放弃了独自跳车逃生的机会，用尽全力拉动了刹车手柄，想让这列飞驰的列车慢下来。他明白，在这通向隧道口的很短距离里，是不可

能将列车完全刹住的，列车会以强大的惯性向前冲。只要再过去一丁点儿，这列火车就会冲进一片"虚空"里，到那时想跳车也来不及了。可是，为了车上的乘客，他选择了留下，然后就随同机车一起冲出洞口，坠入深渊。

这次事故造成 275 人遇难，是我国铁路史上一次罕见的恶性事故。但值得庆幸的是，全靠了那位英勇的火车司机，在这次事故中，大多数旅客的生命得以保全。

酿成这次事故的元凶泥石流，在冲毁了铁桥之后，仍没有停止，又顺着沟直冲进大渡河，并直捣对岸，将宽阔汹涌的大渡河也拦腰截断，最终形成一条土石坝，堵塞住了河流。

由于河水不断顶推，土石坝最终被冲毁，决堤的河水像野马一般冲了出去，给下游造成了灾难。下游的一些工矿和公路被冲毁，公路阻断达半年之久，龚嘴电站也受到波及，蓄水库产生了淤积。这场灾难带来的损失真是不小。

利子依达沟并非第一次发生这样大规模的泥石流灾害。在这之前，如 1875 年、1934 年、1959 年、1967 年、1974 年和 1978 年都发生过猛烈的山洪和泥石流。

利子依达沟为什么会经常出现泥石流呢？

这主要是由于利子依达沟上游及周围的森林被大肆砍伐，植被遭受破坏引发的。

让我们好好爱护森林吧！只有认真保护森林资源，才能有效避免泥石流灾害的出现，保证人民的生命和财产安全。

滑坡的危害

1991 年 9 月 23 日傍晚时分，云南昭通盘河乡的人们刚回到家，就听见一声巨响。只见村子后面的一座大山像雪崩似的塌了一大片，山石顺着斜坡滑落下来。人们还没有反应过来这是怎么回事，滚落下来的山石已经吞没了大半个村子。

这是一场典型的高位、高速山体滑坡，正是由于从高高的半崖上滑落下来，所以它的速度才这么快，破坏力才如此巨大。这场灾难共造成 216 人当场死亡，经济损失近百万元。

经事后调查，这次滑坡体长达 4000 米、宽 300 多米、厚 20 多米。

为什么会出现这样大的滑坡呢？原来近期这里一直阴雨绵绵，岩石长时间被雨水浸泡，最终导致这次滑坡。

其实，滑坡在多山的西南地区并不罕见。1965年11月23日，云南禄劝县普福公社烂泥沟也发生过类似的高位、高速滑坡，大量的土石顺着山坡和沟谷袭向旁边的五个村子，最终造成444人死亡。要不是对面的大山阻挡住了这些滑动的土石，受灾的范围还要更大。

1989年7月9日，四川华蓥市溪口镇突然发生大型滑坡，共有100万立方米的土石从山上滑落而下，当时正下着暴雨，滑坡体在滑动的过程中破碎解体，在雨水和山溪水的掺混下，巨大的泥石流瞬间淹埋了周遭的一切，造成221人当场死亡。

1980年7月3日15时30分，四川越西县牛日河左岸谷坡发生大面积滑坡。滑坡体从长120米、高40～50米的一家采石场滑落下来，淹埋了铁路涵洞、路基、堵塞铁西隧道双线进洞口，堆积在路基上的滑

坡体厚度达到 14 米，淹埋铁路长 160 米。该次滑坡是我国有史以来运营线上最大的一次滑坡灾害。值得注意的是，造成这次滑坡的原因是采石场不断爆破，开采石料，致使岩石结构遭到破坏，在雨水和沟水的浸泡下，造成了这次灾害。

1982 年 7 月 17 日至 18 日，四川云阳县连降暴雨、大暴雨和特大暴雨，这在该地区的历史上都十分罕见。一些岩层结构松散的地方经不住雨水的浸泡，出现了滑坡、崩塌，并形成数百处较大的地面裂缝，其中有的长达数公里。滑坡使大片良田被毁，数万间房屋倒塌，多数公路及通信中断，溪间被堵，长江成滩。

✎ 暴雨滑坡

达成铁路横贯四川盆地。这条铁路通车不久，人们的喜悦还没有消散，就发生了一件使人扫兴的事情。

1998 年 8 月 14 日凌晨，由于暴雨突袭，发生滑坡，淹埋了一段路基，铁路就这样中断了。这时候，长江中下游的人们正在经历特大水灾。许多救灾物资的运输被迫中断，真把人们急坏了。

其实，这场暴雨还在许多地方造成了同样的灾害。

这一年，四川地区雨水不断。这次滑坡刚过去十多天，成都郊区又发生了两次滑坡，毁坏了大片房屋、田地和林木。

其中一个地方，滑落的山体拉断了高压电线，撕裂了房屋，摧毁了成片的果林，让果农们心疼不已。

距离达成铁路滑坡事件刚好一个月，凌晨时分，人们睡得正香时，伴随着一场暴雨，成都附近的大邑县雾山乡又发生了一次大滑坡。

这一次下滑的不是坚硬的岩体，而是一大片泥坡。在雨水的作用下，滑坡变成了泥流，顺势下流淹埋掉了 60 多亩田地。在滑动过程中，山坡上的一些大树也被折断，甚至被连根拔起。

　　住在山下的居民也倒了霉，滑坡摧毁了近百间房屋。多亏人们对此早有防备，听到异响后，就跳下床拼命往外逃，才没有因此丢掉性命。

 石头从天而降

在电影《尼罗河上的惨案》中，有一个惊险的场面——兴致勃勃的游客走进一座古老的神庙，一块大石头突然坠落下来，砰的一声落在地上，险些砸到下面的人。

不消说，这是导演为了调动观众情绪精心安排的杰作。

观众紧张了一下，但很快就放松了下来——嘻嘻，何必为银幕上人物的命运担忧呢？要知道，电影故事大多都是虚构的。

想不到在现实生活中，居然也发生了同样的事。

发生这件事的现场，不是古埃及的神庙废墟，而

是四川乐山大佛的脚下。

乐山大佛位于四川乐山南岷江东岸凌云寺侧，高71 米。每年有上百万的游客从四面八方来参观和拜谒这尊巨大的佛像，希望得到护佑。

1998 年夏天，有一家人高高兴兴地从大老远的地方赶来，想要沾一沾福气。

当他们小心翼翼地沿着陡峭的阶梯走到大佛脚边时，头顶忽然有一块巨石坠落下来，正好砸中其中一个人的脑袋。全家人悲痛至极，再也没有游览的兴致了。

这到底是怎么一回事，好好的为什么会有石头落下来？

古时候人工开凿的崖壁太陡峭了，像墙壁一样笔直挺立。年深日久，风化严重，许多地方张开了裂缝，松动了，埋着重重危机。加上那几日连续不断的暴雨袭击，雨水顺着裂缝灌进岩石内部，使岩石更加松动。崖边的巨石再也固定不住，悲剧就发生了。

别说是两边的崖壁，仔细一看，大佛本身也受到了同样严重的风化。

　　佛像雕刻完成后，为了保护佛像，曾建有楼阁，将它紧紧罩住。后来，大佛的护身楼阁被毁，才变成一座露天石佛。大佛遭受日晒雨淋，也被风化得不成样子了。人们探查后发现，它的胸膛和肚皮里已经有许多积水，身体表面也开始风化剥落。如果不注意加强保护，没准儿很快就会失去往昔的风采。

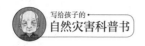

山石滚滚而下

在那个多灾多难的夏天，在其他地区也发生了类似的事件。

坠石砸人的事件发生后不久，乐山附近的雅安又发生了更大的灾难。

青衣江上的雨城水电站库区旁边，高耸的金仓岩忽然山崩了。成千上万的岩块纷纷滚落下来，砰的一声落进水库，激起冲天的水浪。水浪以极快的速度扑向对岸。当场就击沉了 4 艘来不及躲避的木船，另外 6 艘被扔了出去，落到距离岸边 200 多米远的田地里。此外，这股激浪还毁坏了 30 多亩农田和好几千株柑橘树。加上死伤人员和被毁的建筑物，这场灾难造成的损失就更大了。

事后查明原因，也是恶劣天气捣的鬼。雨水使原本就风化松动的岩石，一下子从崖顶上坠落下来。

与更大的灾难相比，这也算不了什么。

请看长江三峡新滩形成的故事吧！

新滩坐落在湖北省，长江流域的兵书宝剑峡和牛肝马肺峡之间。江心布满了巨大的礁石，根据它们的形状，有的叫鸡心石，有的叫癞子石，还有的叫天平石、豆子石。从前，每到枯水季节，江水像瀑布一样从石缝里泄流下来，滩上怒涛汹涌，是长江三峡的枯水第一大滩。南宋著名诗人陆游经过这里，描写它是"峡中最险处。非轻舟无一物，不可上下"。它的险要形势可想而知。

它为什么会是这个样子？当地的一块明朝石碑记述了它的秘密。

原来，所有的一切都是山崩造成的。

北宋时期，这里发生了大山崩。山上滚落下来的石块堵住了江水，使航行中断了很久。

明朝时，又有人想发财想昏了头，不顾别人劝告，开挖南岸崖脚下的煤层。这使上面的陡崖失去支撑，经过一场大雨，山崖果然又发生了崩坍。

这次山崩比上次更厉害。

滚落下来的石头砸塌了江边的许多房屋，打沉了许多船只。落到江心的大量石块再一次堵塞住了长江。人们花费了很大的力气才把水道重新凿通。

从此，江心留下的许多礁石形成了险恶无比的新滩。正像陆游所说的那样，来往船只如果不卸下旅客和货物，拉着空船慢慢走，就别想过滩。

由于地势险恶，从前这里十分荒凉，很少有人居住。自从江上有了这个险滩，就在滩头渐渐出现了一个小镇。住在这里的居民专门依靠拉船和转运货物为生，使荒凉的峡谷里一下子变得热闹起来。

1985年6月12日凌晨，一次可怕的滑坡结束了新滩古镇的传奇。

现在我们回过头来看这场山崩的原因，除了自然因素，还是不可原谅的人为活动的结果。

请牢牢记住，千万别破坏山坡的稳定。要不，没准儿就会搬起石头砸到自己的脚。

预报在滑坡前发出

1985 年 6 月 12 日凌晨，湖北新滩镇忽然传来一阵阵喧嚣声。寂静的夜幕中，这些嘈杂的人声中带着难以抑制的惊恐和惶惑。那里必定有什么事情发生了。

凌晨 3 时 45 分，突然发出一声山崩地裂般的巨响，压住了嘈杂的人声——发生滑坡了。

这是一场特大型的岩石滑坡。在新滩镇背后的山崖上，整片山坡沿着陡壁滑落了下来。在高速的滑动中，岩层被分解成无数碎块顺着斜坡滚落下来。一时间，山中乱石纷飞、烟尘滚滚，平静的山谷被搅弄得天昏地暗，连很远的地方都能听到大地震动的声音。

新滩镇正好在滑坡的行进路线上。在比房屋还要巨大的岩石的袭击下，没有一座建筑物能保得住，全都成了这场恐怖"石雨"的牺牲品。已有上千年历史的古镇，转眼间就从地图上被无情地抹掉了，真是一场惊心动魄的惨剧。

然而，在这场惨剧中，全镇 457 户，共 1371 人，却没有一人伤亡。原来灾害发生前，人们就扶老携幼、带着箱笼细软，还有家中饲养的鸡鸭猪狗都撤离到了安全地带。除了笨重的家具和房屋，能够带走的几乎都转移一空了，将损失减小到了最低限度。

滑坡持续了半个多小时，直到 4 时 20 分才慢慢地平息下来，天亮之后，人们才看清楚了，只见镇子后面的一道陡崖几乎完全塌了。大大小小的石块从崖顶坠落到江边，铺满了整个山坡。

新滩镇一大半都被乱石淹埋了，只剩下东面小半条街和少数房屋还矗立在乱石铺盖的山坡旁边，似乎在向人们诉说自己遇到的苦难。

滑坡体的体积约 3000 多万立方米。滑坡体前部

的土石堵塞了长江江面的 1/3。当时江心被激起了滔天巨浪。多亏撤离及时，不然的话后果就不堪设想了。

这一切要归功于相关的科研人员。他们从 1970 年就开始在这里进行研究、观测和分析。1983 年，他们发现了异常情况。1985 年 6 月 11 日，在大滑坡发生前的 11 小时，他们及时发出了警报。当地政府及时宣传动员，组织全镇居民安全撤离，这才避免了一场浩劫。

一般在滑坡发生之前，会有各种异常现象出现，在滑坡前缘坡脚处，堵塞多年的泉水突然复活，或者泉水、井水水位突变等。

在滑坡体中、前部出现纵、横的放射状裂缝。

大滑动之前，一些动物能听到岩石开裂或被挤压的声音，发出异常反应。如老鼠乱窜不进洞，猪、狗、牛焦躁不安等。

滑坡体四周岩体（土体）会出现小型坍塌和松弛现象。

如果在滑坡体上有长期位移观测资料，那么一旦出现加速变化的趋势，就表明将发生滑坡。

滑坡往往会造成极大的灾害，但滑坡大多是可以预报的。因此，做好滑坡的预报是十分重要的。

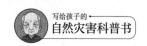

✏ 防泥石流小知识

 如何避免泥石流侵害？

泥石流是一种破坏性极大的地质灾害，但是在泥石流发生之前，有关部门可以通过长期的观测提早预报，让人们做好预防措施。不过即使遇到泥石流，我们也可以利用一些方法躲避灾难的侵害。

 防患于未然

由于泥石流经常发生，人类已经基本掌握了它的一些特点，因此，在工程实践中就有很多避防泥石流的措施：

一、跨越工程。指修建桥梁、涵洞，从易发生泥石流区域的上方跨越通过，让泥石流从其下方排泄，用以防避泥石流。这是铁路和公路交通部门为了保障交通安全常用的措施。

二、穿过工程。指修建隧道、明洞或渡槽，从易发生泥石流区域的下方通过，让泥石流从其上方排泄。这也是铁路和公路通过泥石流地区的又一主要工程形式。

三、防护工程。指对泥石流地区的桥梁、隧道、路基及泥石流集中的山区变迁型河流的沿河线路或其他主要工程措施，建造防护建筑物，用以抵御

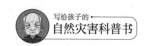
或消除泥石流对主体建筑物的冲刷、冲击、侵蚀和淤埋等危害。防护工程主要有护坡、挡墙、顺坝和丁坝等。

四、排导工程。其作用是改变泥石流流势，提高桥梁等建筑物的排泄能力，使泥石流按设计意图顺利排泄。排导工程包括导流堤、急流槽、束流堤等。

五、拦挡工程。用以控制泥石流的固体物质和暴雨、洪水径流，削弱泥石流的流量、下泄量和能量，以减少泥石流对下游建筑工程的冲刷、撞击和淤埋等危害的工程措施。拦挡工程有栏渣坝、储淤场、支挡工程、截洪工程等。

在实际防治泥石流的过程中，采用多种措施相结合的方式比采用单一措施更为有效。

 紧急避防

每年的雨季是泥石流易发时段，因此要了解一些有关泥石流的应急避防措施，首先要避开危险地区。在泥石流发育地区进行必要的搬迁、防护措施后，对一些受泥石流严重威胁的工矿、村镇提前做好应急部署。尤其要注意以下几点：

一、普及泥石流知识。汛期有组织地演习。如遇险情，有纪律地疏散撤离。

二、预防为主。泥石流多发生在夏汛暴雨期间，而该季节又是人们选择外出游玩的高峰时段。因此，人们出行时一定要事先了解当地天气情况，不要在阴雨天进入山谷。

三、选择附近安全的地带修建临时避险棚。可以在较高的基岩台地、低缓山梁上等修建临时避险棚，切忌建在沟床岸边、较低的阶地、台地及坡脚、河道拐弯的凹岸或凸岸的下游边缘。

四、长时间降雨或暴雨渐小后或刚停，不应马上返回危险区。泥石流常发生在大雨后，只有当确认不会发生泥石流或泥石流已全部结束时才能解除警报。

五、不可以存在侥幸心理。当白天降雨量较

多时，晚上或夜间须密切注意情况，最好提前转移，不能存在侥幸心理。

六、密切观察泥石流的发生和发展，减少或避免次生灾害发生。当出现泥石流堵塞河流、形成堵坝时，应尽快"毁坝"，使上游水体尽快下泄，避免次生洪水灾害的发生，同时通知上、下游受灾地区做好防灾避险。当公路、铁路、桥梁被冲毁后应及时采取阻止车辆通行的措施，以免造成人员伤亡。

七、采取正确的避险方法。泥石流不同于滑坡、山崩和地震，它是流动的，具有很强的冲击力和搬运能力。所以，当处于泥石流区时，不能沿沟向下或向上跑，而应向山坡两侧跑，注意不要在土质松软、土体不稳定的斜坡停留，以免斜坡失稳下滑，应选择基底稳固又较为平缓的地方避险。另外，不应上树躲避，因为泥石流不同于一般洪水，其可在沿途流动中冲毁一切障碍，所以上树逃生不可取。要记得避开河（沟）道弯曲的凹岸或空间狭小、高度又低的凸岸，因为泥石流有很强的冲击力及直进性，这些地方很危险。

 ## 如何救护被泥石流伤害的人员？

泥石流对人的伤害主要是泥浆使人窒息。因此，将压埋在泥浆或倒塌建筑物中的伤员救出后，应立即清除其口、鼻、咽喉内的泥土及痰、血等，排除体内的污水。对于昏迷的伤员，应让其平躺，头后仰，将舌头牵出，尽量保持呼吸道的畅通，如有外伤，应采取止血、包扎、固定等方法处理，然后转送急救站。

找北方

唉，如果我们有指南针就好了。

你身上其实就有哇！

瞧，这就是特殊的指南针。手表也能当指南针用。

手表怎么当指南针用？

只要记住口诀：时间折半对太阳，12点指向是北方。

但是如果没有手表这种特殊的指南针，怎么办呢？

瞧，这就是我的特殊指南针。

太阳从东方升起，西方落下，和晚上的北极星一样，都能通过它们认方向，是这样吗？

太阳指南针的使用方法很多，其中，观察影子的办法比较常用。

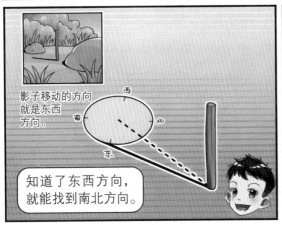

影子移动的方向就是东西方向。

知道了东西方向，就能找到南北方向。

除了手表和太阳，还有别的方法认方向吗？

有哇！只要动脑筋，认方向的方法多极了。

·想一想·

有哪些方法可以辨认方向？

1. 看树木年轮，排得密的一面是北方，稀疏的一面是南方。

2. 松树上的树脂南面比北面多。

3. 桦树南面的树皮较之北面的淡，而且富有弹性。

4. 树上的果子南面的比北面的成熟得早。

5. 大树下面的蚂蚁常常在南面建窝。

6. 树下的苔藓南面的比北面的多。

·安全向导·

除了第2条和第6条，其他都对。许多自然现象都能帮你辨认方向，动脑筋想一想就行。

在大山里迷路了

咱们下一个目标就是征服这座山。

怕什么！这座山又没那么陡峭，还怕爬不上去，走不下来吗？

我们不认识路，迷路了怎么办？

我累了，咱们下山吧！

好哇！

· 想一想 ·

真奇怪！为什么找不着原来的那条路了呢？

因为这座山实在太大了。

山上的地形很复杂，这里一个山包，那里一个山坳，在远处看不清楚，爬上山才知道这么复杂。

找不到下山的路，现在他们该往哪儿走？

1.顺着山脊走。

2.顺着山坡走。

3.顺着山沟走。

· 安全向导 ·

山脊延伸得很长，时而高、时而低，没准儿会把他们带上高高的山巅，这可不是办法。

顺着山坡往下走是一个办法。可是山坡上丛林密布。如果不小心闯入，也有可能迷路。

水往低处流。顺着山沟里的小溪流往前走，就能找到出山的路。需要注意的是，山沟有时很窄，两边都是陡崖。水流有时很急，有时还会遇见瀑布，要从旁边绕过去。

安全绳

走哇！登山去。

好哇！

山脚下

为什么要把我绑起来？

这是安全绳。我们三个人要绑在一起结成绳组，谁也不能例外。

这太不方便了！

登山是集体活动，如果离开了这根绳子，会给你带来危险。

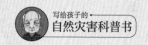

· 想一想 ·

安全绳还有什么用处？

1. 可以将人员缒下悬崖。

2. 可以用来搭帐篷。

3. 如果遭遇雪崩，先钻出雪堆的人可以顺着绳子迅速找到伙伴。

4. 可以用来做溜索，飞渡峡谷。

· 安全向导 ·

从原则上讲，安全绳最重要的作用是让登山人员能够互相连接，登山过程中不允许任何人解开安全绳、脱离绳组。违规造成的伤亡惨剧曾经多次发生，我国登山运动员邬钟岳攀登珠峰时，脱离绳组独自去摄影，不幸坠崖身亡，我们应树立安全意识，牢记教训。但是在特殊情况下，上述的安全绳用途也不是绝对不可以使用的。

白色的死神

雪山真的是雪堆起来的吗?

是啊,厚厚的白雪在山顶上一层压一层,堆起了这座高大的雪山。

太壮观了! 我想大声歌唱!

别出声,你不想活了吗?

雪山不喜欢歌声吗?

为什么你连话也不敢说? 难道这里住着一个魔鬼,你害怕它把你抓住一口吃掉?

·想一想·

如果他们真的被雪崩埋住，该怎么办？

1. 大声求救。

2. 护住口鼻，慢慢扒开雪层往外爬。

3. 不顾一切，使劲往外面爬。

·安全向导·

万一被埋在雪里，首先应该护住口鼻，避免窒息，再扒开雪层慢慢往外爬。千万别大声求救，也别使劲乱拱乱钻，以免造成松软的雪堆再次崩坍。

曾有一个滑雪者在遭遇雪崩时，急忙撑起滑雪杆，让其露在雪堆外面，这使得他很快就被救援队找到，成功脱险。

滑动的山坡

山坡上

在这里可以看见山坡下面的风景，我喜欢这个地方。

这儿不会被洪水淹，很安全。

我瞧见这儿的地质结构很容易发生滑坡，你们竟然在这里建了房子，要小心哪！

怕什么！山坡上有很多房子。别人不怕，我们也不怕。

我看见这儿已经有滑坡的前兆了，千万要小心。

你一定看花眼了，我怎么什么都没看到。

瞧，如果我们把房子建在山坡下面，就会被洪水淹没。

瞧，如果我们把房子建在山顶上，就会被风吹坏。

半夜

这是地震吗？

是滑坡。太可怕了！

天哪！

· 想一想 ·

为什么这里容易发生滑坡?

1. 山坡上的松软泥土被雨水浸湿后,就容易往下滑。

2. 泥土下面的岩层向外面倾斜。水流顺着岩层表面往下流,冲松了泥土,所以会发生滑坡。

3. 山坡上的岩石有裂缝,水渗漏进去,可能造成滑坡。

4. 山坡上植被较少,就容易发生滑坡。

· 安全向导 ·

造成滑坡的原因多种多样,上面说的几种情况都有可能引发滑坡。发现异常情况后,要及时避险!

陷进沼泽

森林里太闷了。我喜欢草地，躺在上面打一个滚儿才好呢！

这片草地可不是普通的草地，可千万不能在上面躺，也不能打滚儿。不信走到跟前你自己看吧！

为什么？难道这儿的青草都是带钩、带刺的吗？

到底是什么原因，一会儿你就明白了。

哎呀！

小心哪！这里面到处都是陷阱，如果陷进去就不好办了。

跟紧我，别乱走。

哎呀！不好。

· 想一想 ·

现在女孩应该怎么帮助男孩?

1. 大喊救命，请别人来帮忙。

2. 赶快跑过去，伸手使劲把他拉出来。

3. 接过男孩递过来的竹竿用力拉。

4. 把竹竿横放在泥潭上，再伸手去拉。

· 安全向导 ·

在这空旷的沼泽地里，没有人来帮助他们。一旦陷入泥潭，下沉的速度很快，即便想去找人也来不及。

千万别冒冒失失地跑过去伸手拉，弄不好自己也会被拖进去。

后面两种方法是正确的，可是必须要有充足的体力，动作也要快才行。

鸡飞狗跳的预兆

汪汪！汪汪汪汪！

汪汪！汪汪汪！

13：00

汪汪汪汪！

吵死啦！这些狗狗怎么老是叫哇！！

是不是家里进贼了？

我和爷爷去看看是怎么回事，你去不去？

要去。

·想一想·

到底会发生什么事情?

1. 洪水要来了。

2. 地震要来了。

3. 龙卷风要来了。

·脱险指南·

动物的异常表现是要发生地震的一个预兆。要是碰到了,可要小心。1975年2月4日,辽宁海城发生地震,震前就有这些现象,引起了人们的注意。加上地震预报及时,人们采取了许多预防措施,大大减少了这场地震带来的损失。